我的第一本科学漫画书

科学实验王 升级版

KEXUE SHIYAN WANG

10 热能的流动

RENENG DE LIUDONG

[韩] 小熊工作室/著
[韩] 弘钟贤/绘
徐月珠/译

21 二十一世纪出版社集团
21st Century Publishing Group

审订序

通过实验培养创新思考能力

少年儿童的科学教育是关系到民族兴衰的大事。教育家陶行知早就谈道：“科学要从小教起。我们要造就一个科学的民族，必要在民族的嫩芽——儿童——上去加工培植。”但是现在的科学教育因受升学和考试压力的影响，始终无法摆脱以死记硬背为主的架构，我们也因此在培养有创新思考能力的科学人才方面，收效不是很理想。

在这样的现实环境下，强调实验的科学漫画《科学实验王》的出现，对老师、家长和学生而言，是件令人高兴的事。

现在的科学教育强调“做科学”，注重科学实验，而科学教育也必须贴近孩子们的生活，才能培养孩子们对科学的兴趣，发展他们与生俱来的探索未知世界的好奇心。《科学实验王》这套书正是符合了现代科学教育理念的。它不仅以孩子们喜闻乐见的漫画形式向他们传递了一般科学常识，更通过实验比赛和借此成长的主角间有趣的故事情节，让孩子们在快乐中接触平时看似艰深的科学领域，进而享受其中的乐趣，乐于用科学知识解释现象，解决问题。实验用到的器材多来自孩子们的日常生活，便于操作，例如水煮蛋、生鸡蛋、签字笔、绳子等；实验内容也涵盖了日常生活中经常应用的科学常识，为中学相关内容的学习打下基础。

回想我自己的少年儿童时代，跟现在是很不一样的。我到了初中二年级才接触到物理知识，初中三年级才上化学课。真羡慕现在的孩子们，这套“科学漫画书”使他们更早地接触到科学知识，体验到动手实验的乐趣。希望孩子们能在《科学实验王》的轻松阅读中爱上科学实验，培养创新思考能力。

北京四中 物理教研组组长 物理高级教师 厉璀琳

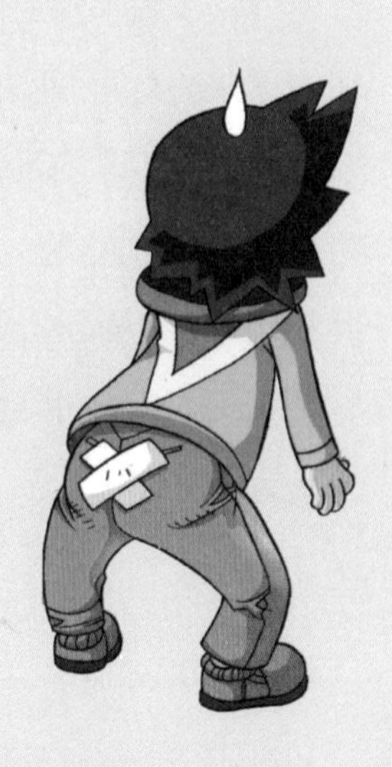

作者序

伟大发明大都来自科学实验！

所谓实验，是为了检验某种科学理论或假设而进行某种操作或进行某种活动，多指在特定条件下，通过某种操作使实验对象产生变化，观察现象，并分析其变化原因。许多科学家利用实验学习各种理论，或是将自己的假设加以证实。因此实验也常常衍生出伟大的发现和发明。

人们曾认为炼金术可以利用石头或铁等制作黄金。以发现“万有引力定律”闻名的艾萨克·牛顿（Isaac Newton）不仅是一位物理学家，也是一位炼金术士；而据说出现于“哈利·波特”系列中的尼可·勒梅（Nicholas Flamel），也是以历史上实际存在的炼金术士为原型。虽然炼金术最终还是宣告失败，但在此过程中经过无数挑战和失败所累积的知识，却进而催生了一门新的学问——化学。无论是想要验证、挑战还是推翻科学理论，都必须从实验着手。

主角范小宇是个虽然对读书和科学毫无兴趣，但在日常生活中却能不知不觉灵活运用科学理论的顽皮小学生。学校自从开设了实验社之后，便开始经历一连串的意外事件。对科学实验毫无所知的他能否克服重重困难，真正体会到科学实验的真谛，与实验社的其他成员一起，带领黎明小学实验社赢得全国大赛呢？请大家一起来体会动手做实验的乐趣吧！

目录

人物介绍

范小宇

所属单位：黎明小学实验社

观察报告：

- 为了解救无辜的心怡，即使受尽委屈与皮肉伤痛也在所不惜。
- 以惊人的观察力在宽广的比赛会场中找出士元，或在比赛中找出问题发生的原因，使聪明感到惊讶。
- 在士元与瑞娜之间扮演和事佬的角色，促使两个人和解。

观察结果：通过在实验社活动中所积累的科学知识，开始展现惊人的观察力与注意力。

江士元

所属单位：黎明小学实验社

观察报告：

- 以信心与实力向怀疑他们作弊的人证明自己队伍的清白。
- 虽然对于瑞娜带给他的伤害依旧耿耿于怀，但终于领悟到与瑞娜之间也曾有过愉快的童年。

观察结果：通过黎明小学实验社成员的协助，终于挥别儿时与朋友之间的不愉快的回忆。

罗心怡

所属单位：黎明小学实验社

观察报告：

- 即使处在被怀疑作弊的窘境，也不曾失去对朋友的信任。
- 领悟到柯有学老师通过最后一堂课传达的教训，并且转告艾力克。

观察结果：对于因为自己的疏忽让实验社所有成员陷入困境一事感到抱歉，同时从中学习到今后更要谨慎的道理。

何聪明

所属单位：黎明小学实验社

观察报告：

- 为了寻找线索与小宇东奔西跑，但小宇惹出麻烦，反而让自己更加忙碌。
- 即使处在困境中，也不忘记在会场观察各支队伍的比赛过程，并致力于收集相关信息。

观察结果：陷入危机时，总是试着以客观的态度去判断并解决问题，不愧是信息达人。

江瑞娜

所属单位：科学实验兴趣班

观察报告：

- 生性急躁且充满好奇心，没有得到问题的答案绝不会善罢甘休。
- 让黎明小学实验社陷入困境后，开始感到自责，甚至因此生病。
- 内心渴望与士元和好，也始终无法忘却幼年时与士元度过的快乐时光，但一碰到士元就无法坦率表达。

观察结果：虽然在未能如愿晋级全国实验大赛的情况下回国，却因一场病结交了新的朋友。

艾力克

所属单位：大星小学实验社

观察报告：

- 加入大星小学实验社，扮演老师与领导者的角色。
- 为了扰乱柯有学老师的情绪，告知小宇与聪明在比赛前一天他所看到的事情。
- 通过心怡的转告，终于领悟到柯有学老师为自己上的最后一堂课的意义。

观察结果：虽然对柯有学老师不遗余力关怀黎明小学实验社成员的态度感到忌妒，但开始慢慢了解老师的内心世界。

❶ 

❷ 

❸ 

其他登场人物

❶ 始终如一地信任学生们，默默等待学生们解决问题的黎明小学实验社导师柯有学。

❷ 想要正正当当跟具有实力的对手一较高下的大海小学实验社的王牌郑安迪。

❸ 对无礼的聪明和小宇极度厌恶的心怡实验兴趣班的同学陈小瑛。

第一部

谁的实验服？

在心怡同学的
实验服口袋里，
找到了一张写有今日
比赛主题的便条纸。
针对此事，
我们会在进行彻
底的调查后，

再公布今天的比赛
结果，以及
惩处事宜。
好，
心怡同学，
请跟我来。

会议室
所以，心怡同学，
你的意思是……
因为这一件实验服不是你自己的，
所以对口袋里有便条纸这回事
也根本不知道，是吗？
是的！
抖抖抖……

会把便条纸带到比赛会场，的确是件不寻常的事。
也对，那么这问题应该……
不过，我们还是得查明真相才行。

我们认为老师和其他学生应该与此事无关。
但是心怡同学始终不愿坦白说出得知比赛主题的真相……
吃惊

是……是真的！我个人也毫不知情。
请您相信我！

这么说，
这件事意味着某人故意把便条纸放入你的实验服口袋啰？
惊讶

希望那件衣服可以带给你好运……
不……不可能的……
对主办单位而言，一场全国性大赛的比赛主题外泄，是一个严重影响公正性的问题。
如果你无法说明事情的真相，我们就只好调查拿实验服给你穿的那位朋友。
调……调查？
这样不就变成瑞娜将会接受调查了吗？这样不好吧？
惊吓
如果你所言属实，请你告诉我们拿实验服给你的人是谁。

我不相信瑞娜会这么做。

参加全国实验大赛以及和士元和好这两项心愿，我都没有达成。
我可不想再次失去像你这样的朋友。
难道瑞娜早已知道比赛主题？或许……她是为了要帮我？

挣扎
我问你最后一次，拿实验服给你的朋友叫什么名字？
但是……

名字是……
起身

坐立不安
坐立不安
坐立不安

这也拖太久了吧？该不会一切就此结束了吧？
抖抖抖抖
抖抖抖
抖抖抖抖

就算心怡是清白的，我想事情应该不会这么快就结束。
砰！

我不想再坐以待毙了！我要进去把心怡给救出来才行！
愤愤不平

你这是在干吗？
拜托你先冷静一点！
放开我！
你也是同伙的吗？
气
缓步
缓步

啊！是心怡……
心怡！
你的外套？
吓……
砰！
吓?!
砰
咚

倒
哎呀！
走吧，
心怡。
心怡！
等等我……

拉
我会救你的。
咳
咳

是谁？是哪个家伙一直
在阻挠我见她？

校……
校长大人！
小家伙……

由于调查尚未完全结束，
主办单位要求你们和心怡必须要隔离。

直到查明事情的来龙去脉与真相为止。
……
闷

您的意思是心怡仍被怀疑作弊啰？
详细的结果我也不得而知。你们先回宿舍休息吧，一切等明天再说。

喃喃自语
只要说出实验服的主人，不就真相大白了……
她为什么就是不愿意说出来呢？

……
心怡，校长有话要跟你说。
咯咯咯

你们听到了吗？
校长刚刚提到了“实验服的主人”。
果然没错！那件实验服并不是心怡的！
点头……
重点是心怡不愿意说出那件实验服的真正主人！
好！这件事就由我们来调查！
不过，心怡不愿意说出来，必然有她的原因。
我相信她是不希望事情越闹越大。

等等！
或许传短信给你的那个人，知道更多的事情也说不定呢！
没错，短信！
啪
嗯……

可是发信者不详啊！这样怎么找呢？

一定要找到。
点头

好！我和聪明负责查出拿实验服给心怡的那个人！
嗯。
好！
就先由我们自己来查明事情的真相吧！

加油！
拍！
赶快行动！
拍！

嗒
等等我，心怡！
嗒
嗒嗒嗒嗒
等我呀！
证明你是
清白的！
嗒
我们一定会
替你……
跳
跳！
钩住

哎呀
呜啊!
滑滑滑滑滑
啪!
这下丢脸丢大了啦！你就不能慢慢来吗？
害羞
这只是小事一桩！只要能够帮心怡洗清罪名，
我什么都可以忍……
抢!
七嘴八舌
穿
红肿!!
保健室
呃啊啊啊啊好痛!
真的很痛啊!

注[1]：由于摩擦所造成的表皮损坏的伤口，例如不慎跌倒时造成皮肤表面擦伤。

你知道双掌摩擦时会生热吧？
对。
可是我现在不能摩擦。

滑滑滑滑滑滑
那是双手摩擦的动能，转变成热能所致。
摩擦
摩擦
摩擦
当你跌跤时，地面和你的屁股产生剧烈的摩擦，才会导致你烧伤。
热能……

我们在《科学实验王③光的折射与反射》中，学过能量的转化啊！
细语
轻声
啊，对！我也卖过以摩擦力止滑的室内拖鞋！
你真的是参加全国大赛的学生吗？
呼……

这应该算是很基本的科学常识才对吧？

我……我当然知道啰，只是突然忘记了嘛！
我怎么可能会不知道呢？
哈哈哈
哦，是吗？

在我们的体内，将食物所具有的化学能转化为动能与热能，

以进行活动和维持体温。

啊！当我们摄取蛋白质、碳水化合物、脂肪等能产生能量的营养物质后，经代谢，人体会产生热能！

这种热能的量就叫作热量，而热量的单位是卡路里（cal）[1]！

没错！卡路里是热量的单位。

哗啊啊啊……

注[1]：卡路里是热量的非法定计量单位，现用“焦耳”表示。

还不赖嘛，算你有两把刷子。
现在就来确认一下体温吧！
正常口温介于36.4℃至37.2℃。
36.8℃……很正常！
还有一个
更重要的。
呼呼……

我又赚
到了！
就是护理室
是免费的！
所以我可以
不用付费，
对吧？

什么？
僵掉……

既然你
这么喜欢
免费，
那顺便也
接受其他
的检查吧！
开启

我用注射器
帮你抽血验
血好吗？
惊
吓

不好意思，
我们得先去
办点事情！
抽血
很快啦！
我们下次
再来！
快马加鞭

妈呀，
差一点就出
人命了呢！
呼
奔跑
奔跑

范小宇！现在没事了，
你不用再跑了。
有没有
搞错？

我们得赶紧找出实验服
的主人才行啊！
话是没有
错啦！

不过这样漫无目的
地奔波，
你到底想要
跑去哪里？
啊……对呀！
我怎么
会跑去
学校呢？
顿住
你该不会是想要
跑去学校吧？
心怡在学校的朋友
我们也都认识啊！
犹豫不决

当然不是学校！
我有说过要去学校调查全校的学生吗？
原来你是打算要调查全校学生啊！
转身！
挥来挥去

如果不是我们学校的人，那到底会是谁呢？
吹
吹
还是很痛呢！

这种时候我的笔记本就能派上用场了。
我们来看一下到目前为止的线索。
那件实验服不是新的，这就表示那件实验服是有人穿过的。
此外，对方也非常关心这次的大赛，而且也很有能力，否则无法得知比赛主题！
第一场比赛主题
热的传播

火冒三丈
这么说，嫌疑人应该就是太阳小学实验社啰？许大弘，你这卑鄙小人！
握

动动脑！
就算心怡的个性再怎么好，又怎么可能会欣然接受许大弘送来的衣服呢？
给，记得比赛时要穿着哟！
嗯，谢谢你。
吹
吹
也对。

啊！
想起！
会穿实验服，又很关心比赛……
而且深获心怡信任的人就是……
科学实验兴趣班
中学升学班
高中升学班
瑞娜！
艾力克！
小瑛！

三个人……
他们都是心怡的好朋友，这会不会就是心怡不愿说出名字的原因呢？

发什么呆？赶快跑啊，目标已经很明确啦！
呼
好！走吧，我们去兴趣班！

实验1 观察不同材料热传导速度的差别

热由高温处向低温处传递的现象，或者从物体的高温部分传到低温部分的过程称为“热传递”。热传导是热传递的三种基本形式之一。由于热会从高温处传导至低温处，因此只要有温度差，热便会从一个物体转移到另一个物体，或从物体的一部分转移到另一部分，一直持续到温度相同的时候为止。不同材料的热传导速度也有所不同，让我们通过简单的实验，来观察哪一种材料的热传导速度比较快。

准备物品：大碗、热水、木汤匙、不锈钢汤匙、银汤匙、塑料汤匙、奶油、图钉4个

❶ 分别在四根不同材质汤匙的末端涂抹奶油后，将图钉的头部贴在上面。

❷ 将四把汤匙以相同间隔摆放于大碗内。

❸ 将热水慢慢倒入大碗内，要避免汤匙倾倒。

❹ 图钉会以银汤匙、不锈钢汤匙、塑料汤匙、木汤匙的顺序往下滑落。

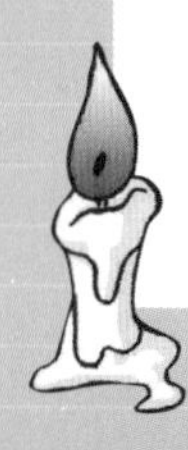

这是什么原理呢？

当热水的热通过汤匙传导后，涂抹在汤匙末端的奶油便会化开，使图钉往下滑落。图钉往下滑落的顺序之所以不同，是因为不同材料的热传导速度不同。当材料的一端吸热，温度升高，该处原子或分子运动较剧烈，碰撞邻近的原子或分子，使它们也加快运动，如此将热传递下去。粒子的受扰动程度越大，该材料的热传导速度也越快。通常银、铁等金属材料的热传导速度会比较快，而木头与塑料的热传导速度则比较慢。

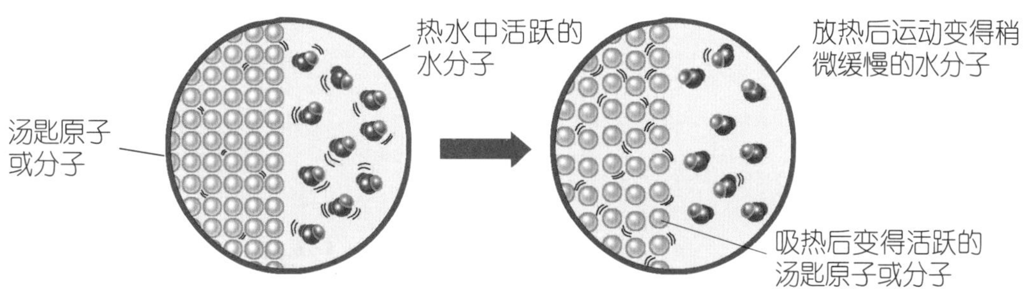

原子或分子的碰撞与热的传递

实验2　空气的对流

固体分子间距离较近，常用热传导来传递热，而液体与气体分子间距离较远，它们多是利用对流传递热的。通过下列实验，我们可以用肉眼观察空气的对流模式。

准备物品：美术纸1张、线与针、圆规、剪刀、蜡烛

❶ 用圆规在美术纸上画出一个旋涡图形，中间画上虚线。

❷ 用剪刀顺着虚线把旋涡剪下来。

❸ 用针将纸穿透并把线绑在旋涡形纸带的中心点。

❹ 将绑有线的旋涡形纸带吊挂在距离蜡烛15厘米高的地方。

❺ 观察旋涡形纸带的旋转方向。

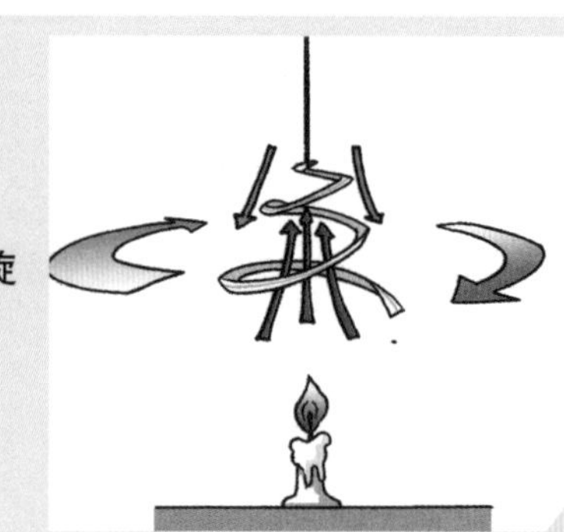

这是什么原理呢?

蜡烛周围的空气受热后体积膨胀、密度变小而上升，而位于蜡烛上方的空气因相对较冷、密度较大而下降，因此形成了对流现象。蜡烛上方的旋涡形纸带之所以会旋转，是变热的空气往上攀升时，碰触到有倾斜角度的纸带所导致的。由于这个原理，当热空气遇到冷空气时，便会产生风；而当温暖的海水与冰冷的海水相遇时，则会产生洋流。

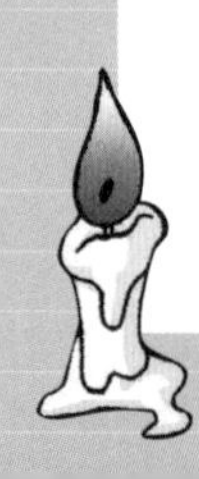

第二部 艾力克老师

实习室A
实习室使用时间
时 间
使用学校
9:00－11:00
码头小学
11:00－1:00
1:00－3:00
3:00－5:00
大星小学
5:00－7:00
具有物质化学性质的最小单位？
答案当然是原子啰！
错了！
原子固然是组成物质的最小粒子，但它不一定具有物质的化学性质啊！
魔术也会运用到化学，所以这一点我很清楚。
没错，具有物质化学性质的，
是由原子结合而成的分子。

我说得没错吧？
咚咚
跟老师讲话，你怎么没礼貌呢？
啊，原来如此。
没错，罗民讲得很正确。
具有物质化学性质的最小单位是分子。
还有，美雅，以后不需要再叫我老师，直接叫我艾力克就好。

你看，我答对了！这时候就要放鞭炮来庆祝！
锵
哈哈

现在是上课时间！
抢
呃，我的鞭炮！

不要在实验室里玩这种东西！真没规矩……
橡皮擦
嗯？
砰砰!!

胆敢抢走
魔术师的东西，
吓到了吧？
噗
哈
哈
哈
罗民，
你……

你身上
到底是藏了
几个？
搜身
这可是
最高机
密呢！
搜身
搜身
原子结合成
为具有化学
特性的分子
……
哗
哗

氧原子
氢原子
最具代表性的就是两个
氢原子（H）与一个氧原
子（O）结合而成的
水分子
水分子（H_2O）。
那今天要做
什么实验呢？

因为这是
第一堂课，我
准备了一个非常
特别的实验。
是与物质的状态
变化有关的实验。
首先，我想了解一下
你们的基础知识。
哦！

气态物质是形状和体积都不固定，它可以流动，也可以变形，同样的量，不同条件下也可以有不同的体积，就像氧气和二氧化碳一样！

现在这里也充满着气体。

物质呈固态时，分子会以非常紧密且有固定间隔的方式排列，使之具有固定的形状。
固态
冰块
然而，物质呈液态时，分子之间的距离更大，并呈现不规则的散乱模式，因此物质会随着容器的形状而改变。
液态
水
物质呈气态时，分子之间的距离会更远，导致其体积非常大，而且可以被压缩。
气态
水蒸气
艾力克，等一下！我是来向你道别的。
心怡。
嗒嗒嗒
其实我并不希望你离开这里。不过，我在今天的实验中学到了——
雪固然会融化，但不会消失，因为它会变成云、雨，或再度变成雪。
喘气
喘气
就如同你离开我们之后，即便成为他校的学生、老师，但你自己本身是不会变的，对不对？
嗯……

如此，水会变成冰块或水蒸气，但水分子本身是不会变的。
来，重点来了!
什么是使物质改变状态重要的因素?
使物质改变状态最重要因素，能量?
振动!微波炉是以分子的振动使物质得以改变状态。
光也可使物质改变状态。

能量、振动、光都对。而它们之中共同存在的，
就是分子的热运动。
嚓

好，我们开始做实验吧！
首先以酒精灯来加热坩埚。
点燃

这是铅条。
嚓……
由于铅条的熔化温度非常高，因此要特别小心。

放入
你们看到物质从固态吸热后变成液态了吗？这个过程就叫作熔化。
嗞嗞嗞嗞
而物质从液态变成气态的现象，则叫作汽化。

在舞台上进行魔术表演时，为了营造梦幻效果，偶尔会用到干冰。
起雾
起雾
而物质这种固态直接变成气态的现象，则叫作升华。

没错，熔化与汽化
两者皆为吸热过程。
相反地，放热过程
则是凝固与凝结；而物质从
气态直接变成固态，这个过
程叫作凝华。
呜呜呜
液态
熔化
汽化
凝固
凝结
固态
凝华
气态
升华
那我们是要做到
铅变为气体的汽
化阶段吗？
这需要特
殊装备呢！
铅的熔点是
327.46℃，
沸点是1749℃。
今天的实验只能
做到熔化过程和
凝固过程。
也就是做到吸热的
熔化，以及放热的
凝固阶段。
放
啊，你打算在此
石膏板里倒入
液态的铅，
并静待至
凝固，是吧？
夹起
是的，你猜对了。

倒入
接下来只要等铅完全冷却就好了。
好简单呀！
这项实验中除了熔化与凝固外，还有一个很重要的原理。
就如同数个铅条熔化后变成一种液体状态，你们若想赢得比赛，也要懂得合为一体。
如此一来，才能使一颗完美的星星诞生。

敲
这也就是……
我来这里的目的。
拿起
嚓!!
将你们改造成一个完美的团队。
好神奇!!

哇!
刚刚让我非常感动，竟然以实验带给我们如此大的启发，你真是一个很棒的老师。
哇!
呃……

气冲冲
你们真是太恶心了，我快要听不下去啦!你真的是跟我们同年吗?
害怕
害怕
浮起
浮起

我也很高兴遇到像你们这样的学生。
呼呼
怒火中烧

啊！这个……
嗯？

这是今天下午那场比赛的网络视频资料。
这是你要的吗？
递
呃，谢谢你。

带起
你为什么还要分析亲自到场交过手的队伍呢？他们有那么厉害吗？
哔

……
认真……
嗯……

啊，今天先回去好好休息，明天再见，这里由我来整理就好。

好……好吧！
明天见。
再见。

啊，
罗民！
转身
嗯？

记得不要带
任何魔术道具到
比赛会场。
好的。
不过我就是魔术
道具呢！
锵

……

实验服吗？在
……在这里。
心怡，
我有话要跟
你说……
……
现在?

……
……
放
无论如何……
我都不能放任她
来破坏我的计划。

叮咚……
咔嚓
哟，江士元！我正好也有事要找你呢！
我有事要问你，你有没有——
嘘
免得让别人听到。
小声一点，
过去在精英院同属一组的他，应该知道我的电话号码才对……

我们去没人的地方聊吧！
？

我也正想问你一件事。

比赛主题到底是怎么得知的？
什么？

我也看过比赛的转播啊！
你不会知道全部比赛的主题吧？
我会保守秘密的，你就告诉我吧！我们学校一个礼拜后就要比赛了。
呼呼
……

转身
看来发短信给我的人应该不是你。
你是说有人发短信告诉你的？
是谁发给你的？

按
怎么啦？你这样就要回去啦？
那你干吗要来这里找我？
当

咔嚓
我找错人了。我先告辞。
什么？
嗡

喂！
江士元！

嗡嗡嗡嗡
你真的要这么小气吗？

精英科学学院
在精英院曾经跟我
有过电话联络的人，
只有同组的两个人。
我想他应该知道
某些内情。
东看看
西看看
吱吱

江士元，
你快告诉
我是什么
事情，我还
有课要上。
嗯……

我一定要找到
线索才行。
紧握

你有没有……

精英院毕业
典礼当天，
你有没有给我
发过短信？
毕业典礼
当天？
我给你发短信？
我指的是关于
今天的比赛。
啊！你们今天
有比赛吗？我从上
午忙到现在，没有
时间观看……
赢了吗？
你真的没有
发过吗？
请你告诉我，这件
事情对我非常重要。
什么？
你到底在说什么呢！
我根本就听不懂。
我还有课要上，
改天再说，好吧？

好……
放开
如果不是这家伙，
那会是……
顿住
啊！

虽然我搞不清楚状况，

若是关于精英院的事，
你何不去找安迪打听呢？
安迪的人脉那么广，
应该知道不少事情才对。
郑安迪？
……
跟我们是竞争
对手的他……
难不成知道了
某些事情？

嗞……

科学实验兴趣班
高中升学班
中学升学班

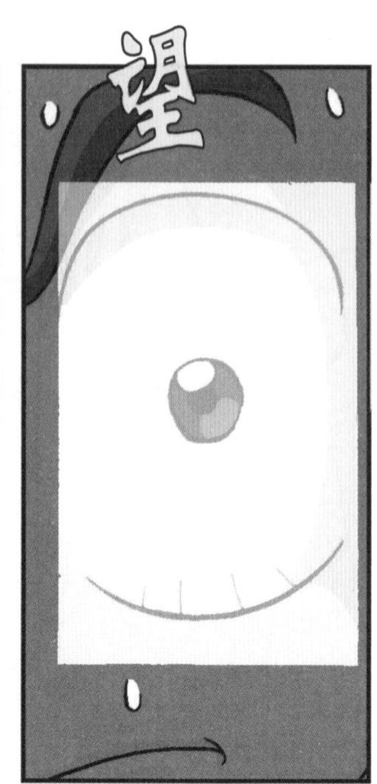
望

好！先把身体藏好！
我们非要这样躲躲藏藏吗？
嘻嘻

嘘！！
你不怕被嫌疑人发现我们的行踪吗？
细语
通常嫌疑人一定会再度出现在犯罪现场！
轻声

啊！出现了！
这里又不是什么犯罪现场。

她是上次来看
我们表演的陈小瑛，
是心怡的朋友。
是吗？
这下可好了！
出发！
逮捕嫌疑人去！
冲
出
砰
陈小瑛！
你给我站住！
嗯？
砰
咚
啊！
你是不是叫
陈小瑛？
是啊，
你是谁？
身后那个白
痴又是谁？

发飙!
你别装作不认得我们!
我们可是黎明小学实验社的王牌!
呃,我想起来了!

你们是黎明小学实验社士元和心怡的助理?
咚……
助理
士元
喂!
心怡
什么?

哭
什么叫助理?你给我听好!我们才是王牌,你懂吗?
没错,马上道歉!
别再闹了,今天的比赛到底是出了什么问题?
听说比赛结果要延后公布,是真的吗?

此事与你无关!
马上让我看看你的实验服!
指!
我的实验服?

你怎么知道我今天带实验服来了?怎么了?
拿出

看!

陈小瑛
这跟一般的实验服没什么两样啊？
外观看起来有一点旧旧的，而且还印有名字。
看来应该不是小瑛呢！
我也这么认为。

好了，你可以回去了。但你依然是嫌疑人，
记得不要走太远。
……
接下来要监视谁呢？
你们两个都没有女朋友吧？
我哪知道。

就算有喜欢的人，也应该只是处在暗恋的阶段吧？
她……她是谁？
她怎么会知道这些？

科学实验
你们这两个
失礼的家伙！
真是欺人太甚！
和淑女说话前应该
先自我介绍，并在表明意图后
请求对方同意才对吧？
喷火
吓跑

哼！
我们错了……
对不起，其
实……
什么嘛
……

是因为事情有一点错综复杂，所以一时没有
办法讲得很清楚……
更何况你
又不是什
么淑女！

是有关心怡
的事吗？
或许我可以
帮得上你们啊！告诉我
来龙去脉吧！
啊啊
勒紧
抖抖
抖
抖抖
好……好。

在心怡的实验服中，找到了一张写有比赛主题的纸条。
可是，那件实验服并不是心怡的，而是某人送给她的。
什么？
怎样？你有想到什么人吗？
咳咳

如果是兴趣班的朋友，我几乎都认识。不过……
什么人会这么做呢？
谁会希望你们落败呢？
拆
过关。

瑞娜她已经在预赛中遭到淘汰了，因此也没必要这么做。
拆

那到底是谁……
咚!!
艾力克？

没错！他是犯罪动机最明显的人！
我怎么都没有想到呢？
啪
什么？你们该不会来这儿之前……
什么细节都没有想过吧？
哼……
这……反正任何人都有犯罪动机嘛！
你就承认吧！

什么？
你的意思是，我也有犯罪动机啰？
当然啰！
你的犯罪动机非常明显！
你在忌妒心怡！
因为心怡长得漂亮，有教养，而且又很聪明，
再加上心怡凭借实力参加全国大赛，所以让你变本加厉地忌妒她。
而你长得又丑又不受欢迎！
别再说了，小宇。

看来你似乎不够
了解我呢！我长得并不丑，
而且也很受欢迎。
奸笑
不过个性很烂，
而且很有力气。
我就让你看看
我穿几号的鞋！
砰
砰
惊吓！
啊
哇啊！
救命啊！
那只是一种
猜测啦！
踢
踢
踢
闪躲
以后不要再
找我麻烦，知道
了没？
……
请帮我打
110。

缓步前进
叹气
唉，今天真是烂透的一天。
第1场比赛主题
热的传播
呜啊！
心怡被人陷害，我则被女生打伤。
还好你那一张嘴巴还在脸上，真是不幸中的大幸啊！
缓步
缓步
你这是在幸灾乐祸吗？

江士元！
吃惊！

你的脸是怎么了？
不要问我，我也很难过。
叹气

士元，你查到发短信的人了吗？

摇头
……
哼！
摇头

你们呢？
看我这张脸就知道了！
呼呜……

这些人……
我打算明天继续查……
我们也是……

可怜，看起来
垂头丧气的。
真没想到我会看
到他这种模样。
老师真是
为难啊！
……
……
嗯……
呼……
抬头

今晚看不到
星星呢……

您曾经说，即便
被厚厚的云层覆盖，

星星依然会
散发光芒。

这层云
真的会散去吗？

改变世界的科学家——华仑海特与摄尔西斯

摄尔西斯

摄尔西斯是瑞典的天文及物理学家。他发明的温标被称为摄氏温标或百分温标，后人为了纪念摄尔西斯，用他的名字第一个字母“C”来表示摄氏温度。

温度的量化体系一直到17世纪才开始有初步的架构，直到18世纪由华仑海特（Daniel Gabriel Fahrenheit,1686—1736）与摄尔西斯（Anders Celsius,1701—1744）为人类解决了这个问题。

德国的物理学家华仑海特，通过在荷兰习得的玻璃器具制造技术，利用酒精制造出既实用又精确的温度计，而且在1714年发明了水银温度计及标准温度单位。此时的温度，将1标准大气压下，水的冰点定为32度，沸点定为212度，将两者之间180等分，华仑海特取自己名字的第一个字母F，作为华氏温标（℉）的单位名称。

1742年，瑞典的天文学家摄尔西斯发明了全新的温度单位，其温度体系将1标准大气压下水的沸点定为100度，冰点定为0度，并将两者100等分，同时取自己名字的第一个字母C，作为摄氏温标（℃）的单位名称。

就这样，上述二人所发明的标准温度计，奠定了与温度有关的基本体系，进而促成后世热研究的革命性发展。与华氏温标（℉）相比，摄氏温标（℃）的计算方法较为简单且精确，因此除了美国的部分地区外，绝大部分的国家和地区均采用摄氏温度标（℃）作为标准温度单位。

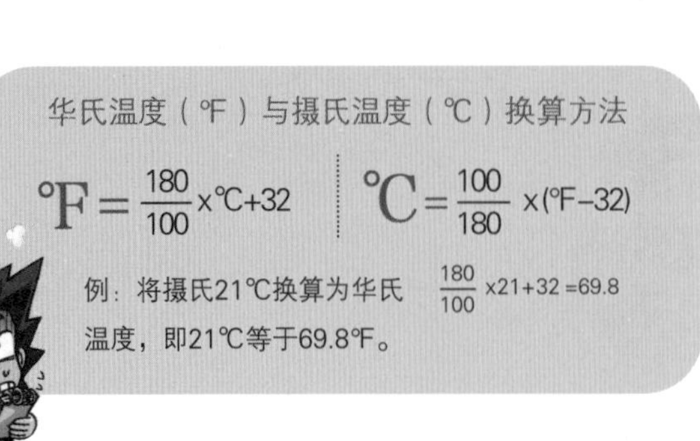

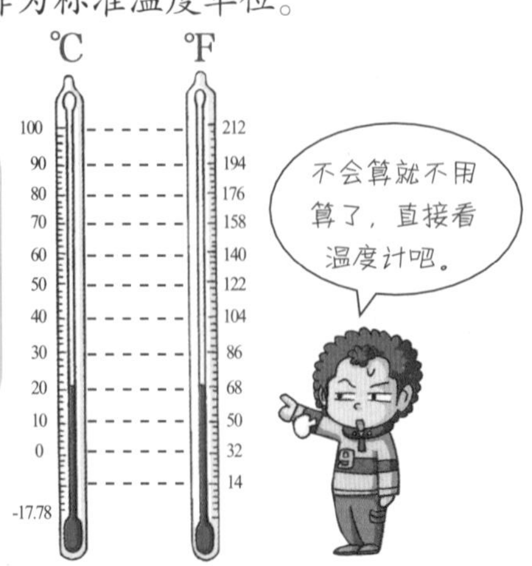

博士的实验室1

使用干冰的注意事项

所谓升华，是指物质从固态直接变成气态，不需要经过中间的液态的现象。其代表性的物质有干冰、樟脑丸等。

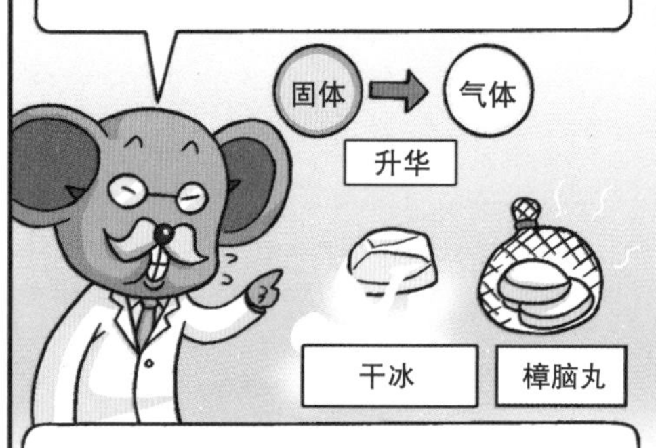

当物质升华时，它会吸收周边的热，因此在取用这类物质时，须特别留意。

尤其在使用升华速度非常快的干冰时，如果接触到皮肤，它会吸收接触部位的热，使皮肤组织内部的水分结冰，导致皮肤呈现有如被灼伤一般的状态。

所以使用干冰进行实验时，务必要戴手套，并使用夹子等工具；倘若不慎冻伤，千万不可以搓揉伤口，应于第一时间赶往医院接受治疗。

第三部

我们为什么要受这种苦呢？这一切都是心怡害的。
都快要被取消参赛资格了，真搞不懂她在想什么。
没错，只要心怡说出实验服的主人就没事啦！
叹气

士元的实力

嗒
嗒
嗒
嗒
如果是关于精英院的事，
你何不去找安迪呢？
喘
喘
喘
喘

啪
吃惊！

士元？早安！
呃，柳真！你现在才来啊？

我……我们今天上午有一场比赛。其他的同学昨天就到了，
而……而我因为有事，所……所以来迟了。
嗯。

请……请问……

你……你找到那件实验服的主……主人了吗？
没有，还没。
我先走了。

啊！那……那个……士元！
我……我有话想跟你说！

可以晚一点再聊吗？我现在得赶快去找郑安迪。
所……所以我……我来……

帮……帮你！等一下……
嗯？

在哪儿呢……
哔哔
啊！在这里。

喂，你好。我……我是柳真啊，你现在人在哪里？练习室？好，好的。

郑安迪？
嗯！他……他说他人在团体练习室！
啪

嗯，谢谢……
不……不客气……
转身

如果需要我帮忙，尽……尽管说。
嗒嗒嗒嗒嗒

缓步
缓步
团体练习室
咔
啦

……
呃？那是黎明小学的江士元！

郑安迪！
江士元，你找我有事吗？

我有事情要问你……可以出来一下吗？
转身

不能在这里问吗？我们正准备要进行实验呢！

好。

你……知道在精英院的同学中，发匿名短信给我的人是谁吗？

精英院？我不太清楚。
啪
仔细想一想，因为与这次的事情有关。
等等！我问你……
你可以这样到处乱跑吗？
哗哗
没错，你们不是正在接受调查吗？
更何况由于你们的不当行为，我们也因此受到拖累……
听说黎明小学……在第一场比赛……
……
七嘴
啊，我看到了！听说在实验服中找到了一张作弊的纸条？
七嘴
我也看得很清楚！是从一个女孩子的身上发现的！
八舌
八舌
不要脸……

你们认为……
我真的会做出那种事情吗？
那要看调查结果才能下定论。
在真相大白前，我们不会相信你。
？
转身
你不需要相信我。
咚

如果这些都是
实验道具……
支架
饼干
酒精灯
量筒
试管
应该是用来检测饼
干的热量的吧？
点头
饼干被食用后，其中的营养成
分经由消化系统被人体吸收，
之后再经由血管供应
全身的细胞。
接着，借由细胞将之分解，
进而产生人体所需的能量。
拿起
吃
消化系统
血管
细胞
人体
调整
调整

喂！你现在要干吗？
谁说你可以碰我们的实验……

!!
沙

反正是要做实验的，就让他做做看看吧！

首先得正确测得此饼干的质量。
放下

00.60
哔……

ml
需要20毫升的水，对吧？

沙
ml

我是以量筒确认水的量后，再倒入试管的。
点头
……
在试管内插入温度计，并使之固定于支架。
插入
以酒精灯点火……
接着把针插入饼干，用夹具夹起，并把饼干点燃。
燃烧
洋芋片
接着以点燃的饼干给试管加热。
天哪，两个人未经任何讨论，就这样做起了实验呢！
你做过这个实验吗？
没……没有。

注[1]：热量（cal）计算方法 = 水的比热容（1cal/g℃）× 水的质量（g）× 温度变化（℃），现在用J·（kg·℃）$^{-1}$表示。

震惊
但是，通过这个实验所测得的热量，与饼干在我们体内所产生的热量是存在不同的。
没错，那是因为不同于实验中的快速燃烧，在我们体内是随着细胞的呼吸慢慢释放出能量。
这饼干是由碳水化合物44%、脂肪18%及蛋白质8%所组成，其他均为没有热量的成分。
每1g的脂肪、碳水化合物、蛋白质分别会产生9Kcal、4Kcal、4Kcal的热量。
因此，在1g的饼干中，脂肪、碳水化合物及蛋白质分别会产生1.62Kcal、1.76Kcal及0.32Kcal，也就等于总共会产生3.70Kcal的热量。
碳水化合物44%
脂肪18%
蛋白质8%
其他30%
碳水化合物
0.44 × 4 = 1.76 Kcal
脂肪
0.18 × 9 = 1.62 Kcal
蛋白质
0.08 × 4 = 0.32 Kcal

震惊
震惊
真是令人佩服！
嗯……
这样产生的能量，其中50%以上会产生热能，以维持生命活动及人体活动所需的体温。
动物则依其体温和环境的变化关系，可分为恒温动物和变温动物。
人类
熊
鸟
恒温动物
鱼类
青蛙
蛇
变温动物
大脑
下丘脑
小脑
属于恒温动物的人类，一般状态下，体温的变化幅度很小。
体温调节中枢，就在大脑与小脑之间的下丘脑。
哇啊！
了不起！

这类实验我做过十次以上。
唰
啊
啊
啊
可以完全掌握从实验顺序到实验结果，甚至失败的原因，
甚至包括每一个成功的秘诀和细节。
就算不相信我……
也该相信我的实力了吧？
插

沙……

有人早已料到这次的事件，
对方是故意把纸条放进实验服里，企图使我们陷入困境……

等……等一下。
你说实验服是有人送的？

这么说，那件实验服不是你那位队友的啰？
不过，为什么会穿在她的身上呢？

难道……你们毫不知情？

那……那是……
秘密调查中的事情，我们怎么可能会知道呢？
嗯？
话又说回来，你说精英院的朋友中有人发短信暗示你……
到底会是谁呢？
……

无论如何，通过刚才的实验，我已认可了你的实力。
呼呼……

转身

啊，对了。

你要不要从精英院联络簿中
找你想要找的人？当时负责
管理紧急联络事务的朋友，
刚好也在这里。
紧急联络
事务？
他叫柳真，讲话
会结巴的那位朋友，
你还记得吗？
柳真？

砰
留意这次全国大赛的第一场比赛
–发信者不详–
你……你找到那件实验服的主……主人了吗？
这么说，那件实验服不是你那位队友的啰？
不过，为什么会穿在她的身上呢？
我们今天上午有一场比赛。其他的同学昨天就到了，而……而我因为有事，所……所以来迟了。
当时负责管理紧急联络事务的朋友，刚好也在这里。
没错！刚到这里的家伙竟然比这里的学生更了解状况。再者，他也知道我的移动电话号码……
哼

我……
我有话要跟
你说！
紧握
嗒
嗒
嗒
嗒
嗒
发短信给我的人……
是柳真！
加油！
哇
啊
啊
啊
哇
啊

哇啊啊啊……
呼
怪了，大家都跑到哪里去了……
抱怨 抱怨
什么？
你说找不到半个人？
嗯，艾力克他们出去了，士元他去找安迪，也还没有回来。
气炸
气死我了！士元那家伙根本不懂什么叫团队行动！
你不是说艾力克今天下午有一场比赛，你去练习室找过吗？
发飙

不想见到那家伙的时候，
他偏偏就会出现……我看
他八成是故意在躲我们！
去过啊，不过
没看到人啊！
哼……

你刚刚说谁在躲你们？
惊吓
这个声音是？

你们到底是在
忙什么事情？
呼
艾力克！

你找我啊？有何贵干？
哼！

看来应该是你在找我们
才对吧，说来听听吧！
沙！

关于你们的比赛，
我有话跟你说。
咚……

我就知道是你！
沙！
怎么，感到良心不安啊，你是来自首的吧？快点弃暗投明吧！

我一定会原谅你的，你就从实招来吧！
得意
你说，你是怕输不起，所以才会害我们的，对吧？
石化
什么？

叹气
我啊，可是正期待着跟柯有学老师一较高下的人，
所以不容许你们在这个时间点被取消参赛资格。

那又怎样？如果不是来自首的，你还有什么话要跟我们说？
坐下
还说什么关于比赛……

不知道你们能不能够解决，
但我还是得告诉你们。
什么？

就在你们要比赛
的前一天，
有一个女孩……

赶来兴趣班
找过心怡。
你说什么？
咚咚

如何使用玻璃容器与毛刷

烧瓶

烧瓶是实验室中使用的有颈玻璃器皿，用来盛液体。在化学实验中，试剂量较大而又有液体参加反应时使用此容器。可分为圆底烧瓶、平底烧瓶、三角烧瓶（锥形瓶）等。依实验的需要，可加装橡胶塞、玻璃管及橡胶管等搭配使用。

❶ 用一只手抓住烧瓶的颈部，并用另外一只手支撑其底部。

❷ 倒入液体时，将烧瓶倾斜，使液体沿着瓶身内部慢慢流入。

❸ 用来进行加热实验时，注入的液体不超过圆底烧瓶容积的2/3，不少于其容积的1/3，并用支架与夹子加以固定，以免烧瓶接触石棉网[1]。

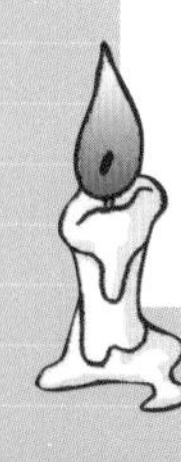

注[1]：现已改用陶土网。

毛刷

毛刷是用来清洗实验器皿的工具，依实验器皿种类的不同，毛刷的种类、宽度及形状也有所不同。较宽的毛刷多半用于清洗烧杯或瓶口窄而瓶身宽的烧瓶类；手柄部分细长且较窄的毛刷，则用来清洗试管或滴定管等；呈三角锥形状的毛刷，则用来清洗离心管或滴管等器皿。

❶ 使用时，蘸取已用水稀释成浓度10%～20%的洗涤剂。

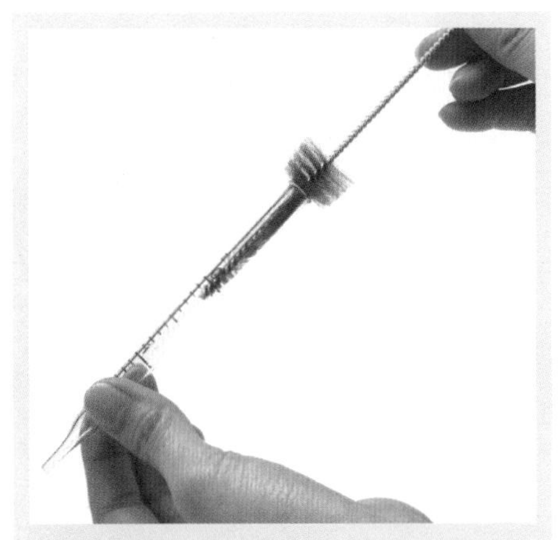

❷ 用来清洗滴管时，以上下来回拉动的方式清洗，并适度调整力度，以免滴管破裂。

❸ 用来清洗平底烧瓶时，先将毛刷中间部位折弯，再进行清洗。

第四部

真相大白！

那个女孩手上拿的纸袋里，装着一件实验服。
而心怡却迟迟不愿说出那位朋友的名字，对吧？我认为那个女孩的嫌疑很大，但是又不足以作为证据。
这只是我个人的猜测。
只凭这一点……
你们认为能够解决吗？
咚

在这种敏感时刻，士元
他干吗要跑去比赛会场？
嗒嗒

我哪知道？他那里太吵
了，我根本没有听清楚。
喘喘
你说哪里？

我们得赶紧把这件
事情告诉他才行！

没错，
唯一能够解
决这件事的
人……
爬爬爬

非士元莫属！
哇啊啊啊啊

哇啊
哇

拜托！
这里这么多人，
要怎么找啊？
嘈杂
嘈杂
嗯……
嗒嗒
一点都不难！
只要能够
解救心怡，我什么
都不怕，你等着
看吧！
嗒嗒
拜托，赶
快出现吧！
你马上给我
滚出来！
难为情
江士元，
你在哪里？
江士元！
妈呀！
呐喊
大吼

你！给我坐下！
你挡住
我了！
四起
怨声
走开！
你别在
那里妨碍
我们观战！

我正急着找
一个人！
再一下下
就好！
哦哦！

江士元呜呜呜！
呃！
倾身

要开始了！
有一队已经
完成了！
推！
哎呀！
跌个正着

肿
完成什么东西啊？

酒精
点火
呃！

哇啊啊啊
哗噜噜
飘浮
热气球升空了呢！
哇啊啊啊
嗯……
七嘴

对流
这一场比赛的主题是对流啊！
那么，热气球实验……
飘浮
跟我们做过的热的传播实验是相同原理啰？热空气会上升，
冷空气则会下降……
对流箱
就是指对流现象啊！

们……选择
气候如何？
因为热会带给雪和雨很大的影响啊！
心怡……
我一定要揭示事情的真相。

啊！另外一队好像也完成了呢！
那是什么？
嚓……
哇啊啊
哗
噜噜噜噜
转动
龙卷风……

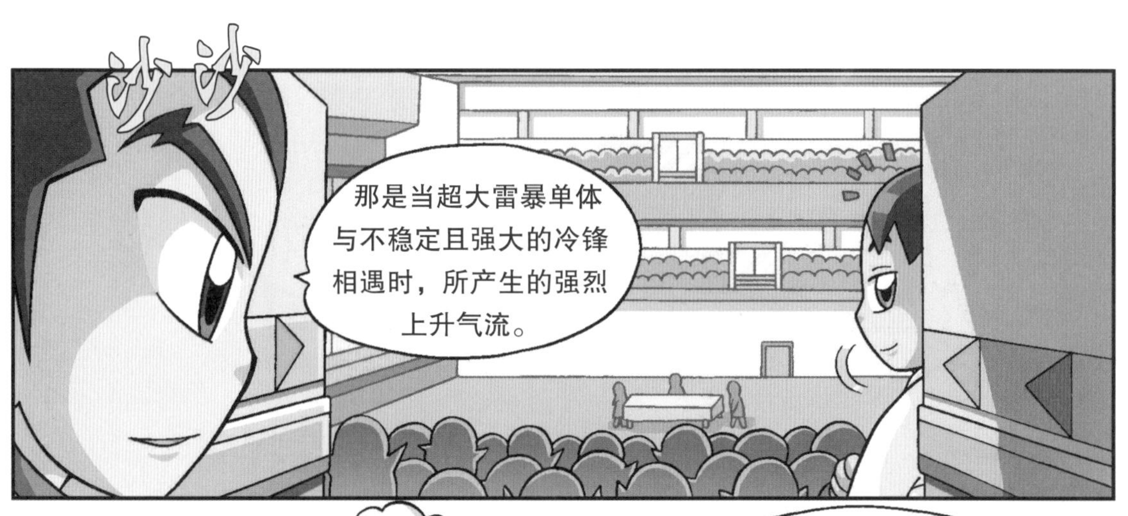
沙沙
那是当超大雷暴单体与不稳定且强大的冷锋相遇时，所产生的强烈上升气流。

当地表的热空气与空中的冷空气相遇时，
就会形成热空气企图往上攀升的强烈上升气流，
此时，可能同时生成上升力与旋转力。
咻呜呜呜

而当旋转力增强时，会吸进其周围附近的空气，
进而形成具有极大吸力的龙卷风。
吸吸吸吸

哗哗
哗哗
不过，与借由热气球以具体呈现对流现象的实验相比，
龙卷风实验只能算是以水的压力差制造出来的，并非运用对流原理。
这样看来，两队都在进行有关对流所产生的天气现象的实验呢！

但是，两者都太单调了。
尤其是那个家伙，以他的实力能够参加这种比赛吗？
你可千万不要小看他的实力。
你不是也领教过了？

尴尬！
那都是士元害我的！
那时我刚好在想别的事情嘛！
创造新的纪录了，最少的数量与最多的数量。
吓一跳！
嘿嘿
哇啊！
啊，对了！

你也知道士元的手机号码吧？你曾经发过短信给他吗？
关于这次比赛或实验服……
什么？你怎么会知道关于实验服的事情？

该不会知道些什么吧？
你……
转头
心惊……

你想太多了吧？
我觉得待在这里好无聊啊，我先走啦！

许大弘！你是真的不知道吗？
顿住

转身
我又何必多管闲事呢？
更何况他们遭到淘汰，对你们而言是件喜事，不是吗？
你说什么……

那个实验也
蛮有趣的呢！
哗噜噜
你看那
龙卷
风。
你现在还有
心情观战啊？
等一下！马上就要公
布获胜的队伍了……
不用看了，
获胜的一定
是制作热气球
的队伍。

啊？怎么说？
啊？
七嘴
八舌
你没看到吗？
就是那一个旋转宝特瓶
的家伙啊！
在龙卷风形成
后，一直到水完全流下
去为止，他一直都紧握
着中间的连接部位。
……
真的吗？
紧握
那是因为在漏水，
怕被扣分。

在漏水？你凭什么
这么认为？

你没有看到实验一结束，
他就马上把手往身上穿的
实验服上擦吗？
实验服？
士元这
家伙到底在
哪里啊？

好，现在
就来公布分数。
啊……
以38比42.5分，
由进行热气球实验的
九万小学获胜。
唉……
不会吧，
是真的啊！
滴答答

他这是视力佳，还是有过人的观察力……
江士元，你在哪里？
江士元！

大惊失色
啊，找到了！
什么？在哪里？

在那里！
呵呵！你看得到啊？
哈哈！
我们赢了！

……
懊恼不已
气死我了，你这家伙现在又要跑到哪里去啊？
转身

嗒嗒
果然是
视力佳……

辛苦了！
真是
好险啊！

喂，
江士元！
顿住
江士元！
柳真！

我们去
休息室等你。
待会儿见。
好，好。

发送警示短信给我的人……是你吧？
吃惊
什么？发送短信的人就是他？
你的用意到底是什么？

你今天刚到场，却早已知道关于实验服的事情。这可是除了我们以外，谁也不知道的事情。
这……这……
再者，你负责紧急联络事务，当然一定会有我的手机号码。

真的对……对……
对……对不起！
我……我本来想告诉
你的……
但……
但怕你不会相信我……
什么？

就……就像每个
人都不会在乎我讲的
话……我……我很怕
你也会不相信我。
那只是无……
无意间听到的
事情……
谁知道后来
事情真的发生了，
这……这令我
感到害怕。
我本来是要跟你说的，
但却……
已经……太迟了。

现在
还来得及。

请你把你所知道
的告诉我。
咚
拜托你。
士元竟然也
会说拜托
……

呃……

嗯，我……我这就说。
点头
事情发生在精英院
的最后一天。所有的人都
离开了教室，
而我有事要请教老师，
所以最后才离开……
啪
画面
重播？

你打算在第一场
比赛前送实验服？
这次又要使出
什么招数啊？
什么？
停顿

你是怎么得知比赛主题的？
东张
西望

……
哼，太妙了！
看来这下子士元得
坐大焖锅了呢！
哈哈哈。

这……这是我所
听到的全部……
之后我就马上发
了短信给你……
按……
按
按
按
果然这
家伙也
有份儿！

照你这么说，
你并没有听到电话
另一头的人是谁？
沉思
……

嗯……嗯。
点头

够了，这样
已经够明确了。
什么？

因为那个可疑的人，
我们已经查出来是谁了。
点头

该不会是……

没错！
她就是心怡在兴趣班
的朋友，也是许大弘
的好朋友……
咚……
嗖嗖
嗖嗖
江瑞娜……
嗖
嗖

观察热能与分子运动之间的关系

实验报告	
实验主题	通过肉眼确认热所引起的物质的体积变化，进而了解分子运动与温度之间的关系。
准备物品	❶圆底烧瓶[1] ❷铁制支架 ❸万用夹 ❹水槽 ❺水 ❻石棉网 ❼三脚架 ❽酒精灯 ❾火柴 ❿气球 
实验预期	当加热使温度上升时，空气分子的运动会变得更加活跃，使得气球膨胀；而当温度下降时，空气分子的运动变得缓慢，使得气球收缩。
注意事项	❶ 加热前，用万用夹将烧瓶固定在铁制支架上。 ❷ 加热时，应避免石棉网与烧瓶相互接触。 ❸ 使用酒精灯或将气球套在加热的烧瓶上时，应戴手套，以免灼伤皮肤。

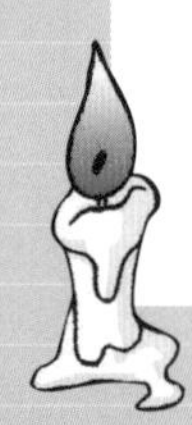

注[1]：原书为拍照方便，使用可平放桌面的平底烧瓶，但平底烧瓶不可拿来加热，请实际操作实验时，务必使用圆底烧瓶。

实验方法

❶ 在三脚架上面放置石棉网，并在其下放置酒精灯。

❷ 在圆底烧瓶内加入约1/3的水，并用万用夹固定在支架上，使其位于酒精灯的上方。

❸ 用火柴点燃酒精灯，让烧瓶内的空气因受热逸出，接着将气球套在烧瓶口。

❹ 观察气球随着水温的上升所产生的变化，当水沸腾时，将酒精灯熄灭。

❺ 移走酒精灯和三脚架以及石棉网，将水槽放置在烧瓶之下，并用其他烧瓶往加热过的烧瓶外慢慢倒冷水，使其冷却。

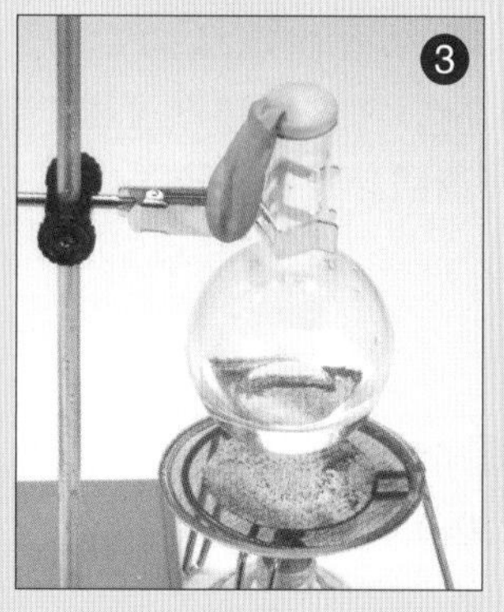

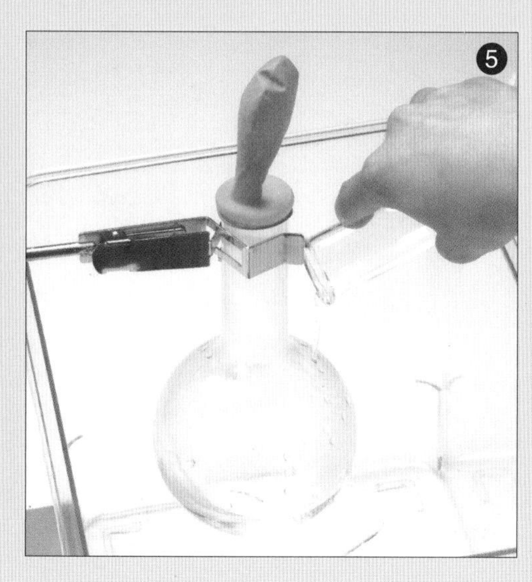

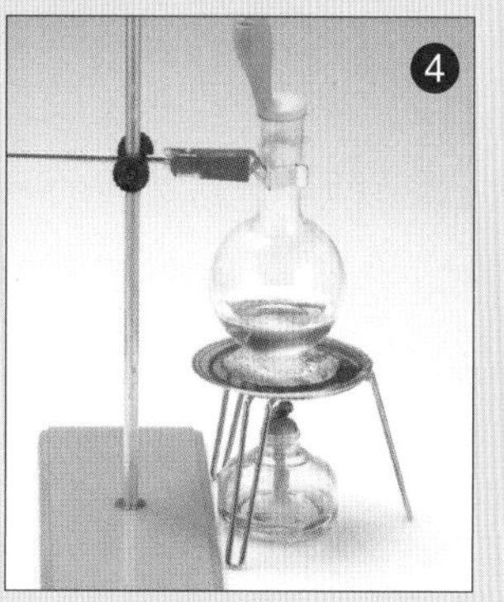

实验方法

❻ 观察经过加热的烧瓶温度逐渐下降时，气球所产生的变化。

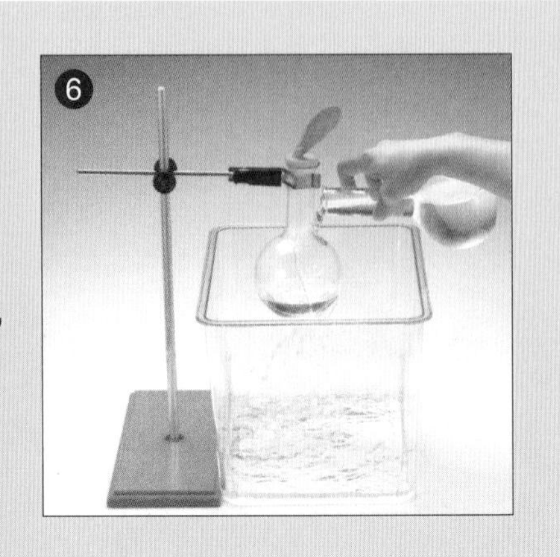

实验结果

当烧瓶受热而温度上升时，气球会逐渐膨胀。相反，当用冰水使烧瓶的温度下降时，气球则逐渐收缩，并逐渐回到原来的状态。

这是什么原理呢?

物质的形态之所以会在固态、液态、气态三种状态之间转变，是因为分子之间的距离发生变化所致，就如液态的水会变成气态的水蒸气，也是因为水分子之间的距离不同。当液态的水分子吸收热量而变成水蒸气时，分子之间的距离会加大，使得体积变大。气球会膨胀，除了水蒸气占有空间之外，也有一部分是因为空气分子的间距加大而使体积增加所导致。至于温度降低时，膨胀的气球会收缩，是由于分子运动变得缓慢，分子之间的距离缩小，以及水蒸气凝结成水，于是体积就变小了。

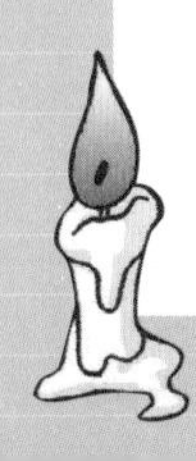

博士的实验室2 进行加热实验时的注意事项

今天在G博士的实验室中，我们来探究热与风的原理……

用火进行实验时，应事先准备好灭火器或沙子等灭火工具或物品，以备火灾发生时使用，同时周围不得放置其他易燃物品。

此外，应避免接触高温物品，以免造成皮肤灼伤。

皮肤被灼伤后，应立即采取急救措施，并前往医院接受治疗。

当不慎导致衣物着火时，最好脱下或就地卧倒并翻滚，以压熄火焰，或由周围的人拿湿毛毯或外套等覆盖，帮忙灭火。

第五部

火山少女与冰山少年

就是瑞娜的家吗?
这里……

都已经有两个证人了，她应该不会不承认吧?
可是我们没有找到物证啊!

沙沙
叮咚

……

……

咔啦
呃，
大门开了！
叽咿咿……

你们两个在
这里等我。
什么？你到底有没有
团队精神……
发飙

转头……
……啊？

这是我和她的
私人恩怨。
……

没错。
我想瑞娜这次
之所以会这么
搞……
应该就是冲着
士元而来的。

好，我就坐在这
里等你，千万不
要让我失望！
哼，
岂有此理！
坐下

叽咿
偷瞄
紧张

……

呼呜
明天就要公布调查结果了。
这可是我们的最后一个机会呢！

真希望士元能够好好处理，小宇你也……
嗯？

呃，天哪！
范小宇！人怎么不见了？

沙沙
该不会……

咔嚓

江士元！
……

呼……
真没想到你会过来
找我呢……
该不会是发生了什么
紧急的事情吧？

你别再装了。
什么？

头痛……
你这话是
什么意
思？

你根本用不着让别人卷入我们之间的恩怨。
不是吗？
我根本就听不懂你在说什么。

……
等一下！
不管心怡跟你说了些什么，一切都与我无关。

他们两个到底在聊什么呢？在这儿根本就听不到呀
……

……
头痛
!!

她是生病
了吗？
……
哼，
自食恶果。

你到底为
什么……

擦拭
她……
她在干吗？
呼……
转身
你这家伙
……

沙
看来我得亲自出马了！

踩断

惊吓

缓步
前进

你……

你又怎么会在这里？
呼
你们现在是打算以多欺少吗？

你们两个！
根本就是在
自欺欺人嘛！明明
就互相了解彼此，
却装作没这回事。
这也许是
心怡不愿说出
瑞娜你名字的
原因。

她没有说出
我的名字？
为什么
……

转头

不管你们说什么
都没有用！
转身

这一切
完全与我
无关。
跑
跑
跑
跑
现在就给我
回去！
跑跑跑跑
砰
气
没救了。
她的个性就是
这么倔强，已经
无可救药了。

你们两个真是一对
完美的双胞胎啊！
怎么连臭脾气都
那么像呢……
该不会真的
是一对双胞
胎吧？
火山少女
冰山少年
哼
回去吧！
闷
转身
你这个
无情无义
兼没良心
的家伙！

看到朋友生病，你怎么可以无动于衷呢？

朋友？谁？
……

你这笨蛋！
都是你害瑞娜生病的！你让她身心都受到了极大的创伤。

这些女生到底是吃错了什么药？
竟然会喜欢跟你这种自私的家伙做朋友！
抱怨
抱怨
抱怨
你在说什么呀？
你要学会体贴女生！尤其是心理受到创伤的女生……
喂！
你给我住嘴！
长得帅、功课好又怎样？
会关心人人的才是真正的好人？
抱怨
抱怨
抱怨

现在除了你之外，
没有人可以救得了她。
难不成你要眼睁睁
看着她一直生病吗?

……
啊！那里就
是厨房。
嗒
嗒
嗒
转头……
沙
叩
叩
叽……

出去！我不是叫你回去了吗！
翻身
转身
顿住

……

这真的能动吗？
当然！这可是我们为你精心准备的礼物哟！

这可是真实版的缩小模型哟！你看，铁轨之间还留有缝隙呢！
就跟真的铁轨一样。
真的？

没错，大多数物质具有热胀冷缩的特性。
铁轨是导热系数很高的物体，因此在夏天炎热的阳光下，它会变得非常烫。
晒
冷飕飕
夏天温度高，这会让内部的分子运动非常激烈，进而使体积膨胀。相反，冬天时物体体积就会收缩。这也就是铁轨之间为什么要留缝隙的原因。

就像这样，
物质通过吸热，从固体
转变成液体，
从液体转变成气体，
进而使体积膨胀。
固体
液体
气体
也有像水一样，
熔化后液体的体积
小于固体的例子。
这辆蒸汽火车[1]，
利用的也是借
由热能改变体
积的原理。
蒸汽火车？
蒸汽机不就是
促进18世纪英
国工业革命的
新发明吗？
没错，蒸汽火车是借由燃烧
煤炭加热水箱内的水，
使水变成水蒸气，
此时水蒸气的体积便会在有
限的空间内逐渐膨胀，进而
产生高压。
利用其压力推动活塞，
进而借由活塞的运动使车
轮快速旋转。
意思就是将热能
转换为动能啰？
虽然构造稍有不
同，但这辆模型列车
的原理与真正的蒸汽
火车几近相同。

注[1]：多称为蒸汽机车。

你说这么小的模型玩具，有着和蒸汽火车相同的原理？
我得彻底研究一番！就用以往惯用的方法……
啊？
咚、

我来拆解蒸汽火车的模型！
喀

不要，瑞娜！
慢……慢着！
插！

呃，原来它长这样啊！
这里是注油孔吗？
呃？这里怎么堵住了？
哇！里面还有弹簧呢！

现在总算让
我了解了。
不过……
接下来
要怎么组
装呢？
不知所措

这……这……
该不会是
坏掉了吧？
啊……
哭泣

别担心，
我来帮
你组装就
好了。
拍
呼

啊，
太好了。
所以说嘛，
拜托你以后不
要看到东西就
想拆解。
嘻嘻

你也知道，瑞
娜的个性就
是这样嘛！
没关系，
你想拆解就随你
去做。我会负责
替你善后的。
啊……

真的吗？

一言为定！

你……
这是在等我吗？

……

终究……
你还是走了。
安静……

心痛
好！
一切到此结束！
我发誓再也不会
……

啪……
咔咔
咦?
沙沙作响

调节温度的家电

日常生活中经常使用的冰箱和暖炉等，都是调节温度的家电，而最常使用的空调当然也不例外。空调是能够将室内温度调节至低于或高于户外温度一定数值的装置。其中，安装于室内的室内机，具有送出冷空气和换气等功能；而安装于户外的室外机，则具有将从房间里吸收的热向外排放的功能。

1. 蒸发器

顾名思义，就是产生“蒸发作用”的装置。就像把酒精涂抹在皮肤表面后，由于酒精吸收皮肤的热，我们在酒精蒸发时感觉到皮肤冰凉一样。制冷剂是一种容易挥发的液体，当室内空气流经蒸发器附近时，蒸发器里面的制冷剂吸收空气中的热量蒸发，使得空气温度降低，送风机再将低温空气吹入室内。

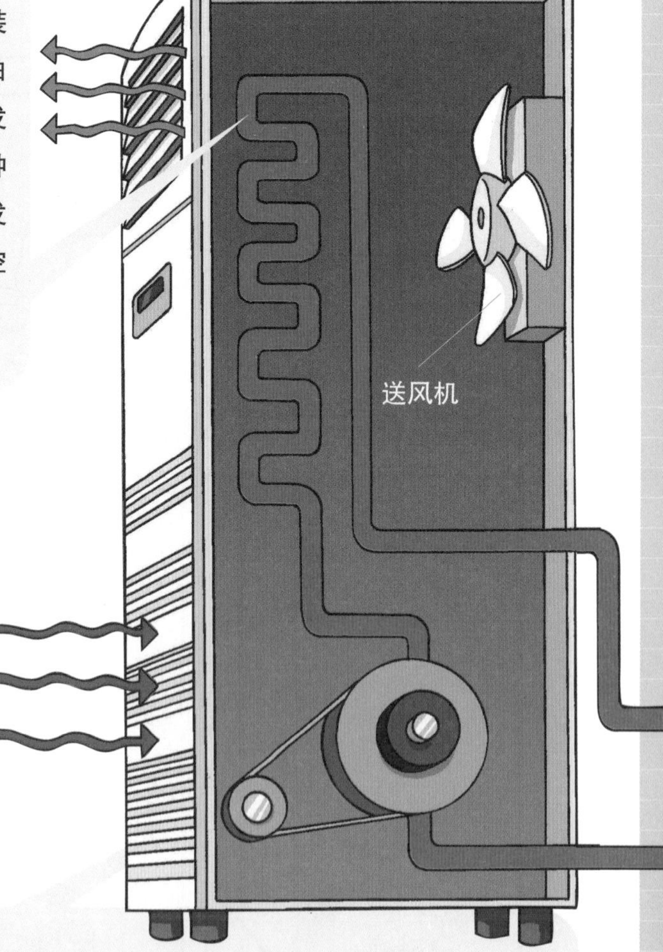

2. 压缩机

以发动机为动力，将低压低温的气态制冷剂，压缩成高压高温的液态制冷剂，也是制冷剂在系统中循环的动力来源。（注意：压缩机由于会发出噪声，一般安装于室外机中。）

小贴士 当把冰箱的门开着时，为什么屋内可能会变热呢？

冰箱和空调的工作原理几乎相同。其基本原理在于当液态的制冷剂蒸发成气态时，由于吸热使空间变得凉爽。如同空调的工作原理，冰箱里的制冷剂也会经过压缩、冷凝、膨胀及蒸发四个阶段。但不同于空调的是，当把冰箱的门开着时，可能会造成室内的温度逐渐上升，其原因在于，冰箱排热所使用的冷凝器位于室内。当把冰箱的门持续开着时，室内的热空气会进入冰箱内，促使冰箱发动机不停运转，以便降低冰箱内部温度，进而导致冰箱后方的冷凝器排放更多的热量，使室内温度小范围上升。

4. 膨胀阀

用以降低冷凝器中液态制冷剂的压力。当压力降低时，制冷剂会成为液体与气体混合的雾状，使液体更容易蒸发。因此，膨胀阀不仅可将制冷剂再次输送至蒸发器，同时可调节进入蒸发器的制冷剂流量。

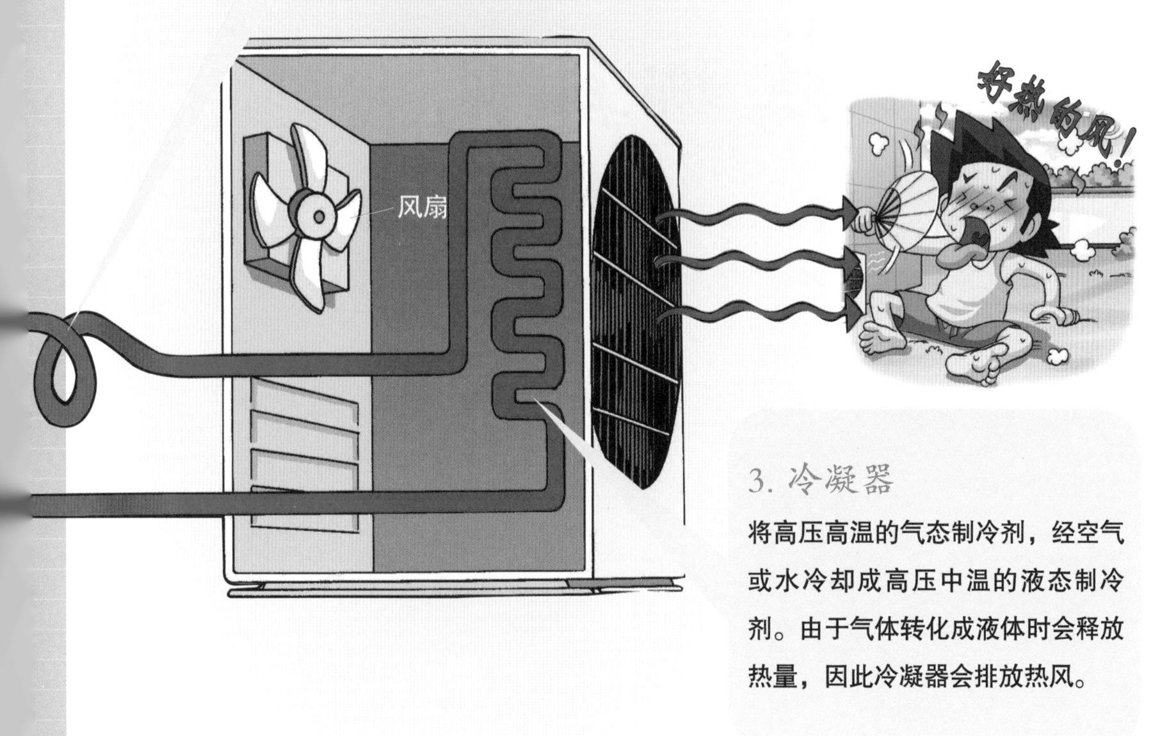

3. 冷凝器

将高压高温的气态制冷剂，经空气或水冷却成高压中温的液态制冷剂。由于气体转化成液体时会释放热量，因此冷凝器会排放热风。

第六部

瑞娜再见

这个声音是……
咔咔
……

放

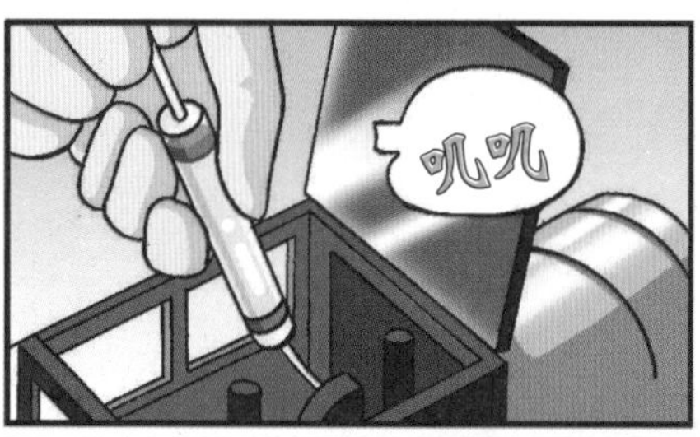
叽叽

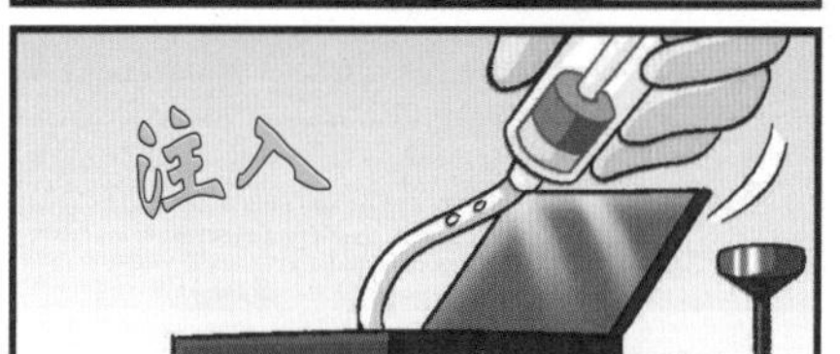
注入

按压
嗒嗒

拿起

哗哗
点火

呼
放

转动

呃……
……

原来你还
记得啊……
我怎么可能会忘记？
沙沙
这件事情……我比任何人
都记得清楚。
即便现在变得
无法理解彼此……
毕竟我们俩
曾经是朋友。
呜呜呜

他叫“皮皮”。
可爱吧？
皮皮！
江瑞娜，我在这里！
没错，当时……我们俩是朋友……
直到发生那件事情之前……
我想把它解剖，毕竟都已经死了……
……
应该不会有事的。

你在做什么？
砰
我想回到那个时候！
请你冷静思考，如果你过不了这一关，
你永远只能做假的实验。
不要！
我发誓……
我再也不要做任何实验！
如果可以的话，我真的很想回到那个时候！
然后跟你说一声“请你原谅我”……

假如当时……
我没有
想到！
已经失去生命
的它对你依然
如此重要！
请你
原谅我。
我若向你道歉的话，
我们现在应该还是朋友吧？
……
而且……
我也不会憎恨你。

我们之间……
对不起……
也就不会有私人恩怨？
?
?

哇哇，我还是
第一次见识到食物
这么多的冰箱！仿佛
来到了大卖场呢！

你……你这是
在干什么？
头晕
嗯？

你怎么
还站着？
生病的人要
躺着休息啊！

你在干吗？我不要！
你给我滚开！
来，你给我乖乖
躺好，享受我范小宇
的特别看护。

先来量一下
体温！
呜！
那不是
放进嘴巴的
温度计啊！
嗯，38℃！
发抖
发抖
发抖
我帮你敷冰毛巾
让你退烧！
覆盖
！！
来，喝一碗蜂
蜜水，你得补
充水分才行。
生气
生气
生气
流出
你就不要
客气啦！
他有病吗？
你叫他住手
好不好？
他是不是
听不懂人讲
的话啊？
跳起！
我也拿他没辙。
人在生病时，
个性会变得极其
不可理喻。
我会体谅
你，你就
喝吧！
愣住！！

大吼
马上给我滚！
天哪，
她的个性真
的很不可
理喻啊！
起身！
嗒嗒嗒
你在搞什么？
范小宇！
你又闯祸了，
对不对？
我没有啊！
呼呜
心虚

没救了，看来瑞娜的病是无可救药了。
病？瑞娜她生病啦？
嚓

我是指心病。这个心结我想很难有解开的一天。
叹气……

什么？那怎么办？
明天就要公布调查结果了，我们已经没有时间了！
沮丧
这……

你从实招来！事情都是被你给搞砸的，对不对？
你说什么？你凭什么诬赖我？
龙争虎斗

你应该知道他们两个有多固执吧？
要不是你，事情才不会搞到这种地步。
你这个麻烦制造者！
……

噗
绑

心怡！
呃！

你们……
心怡，
你还好吗？

嚓

咔
啦

各位久等了，请进！
咚

……

孩子们……

无论结果如何，
那并不代表结束，
而是一个过程，
希望你们铭记在心。
走吧！
我怕我的心脏
病会发作，我在
这里等你们。
缓步
前进

嚓……
好……

现在就公布两所学校实验社
比赛的相关调查结果。

比赛即将结束之际，主办
单位接到了一个检举电话。
根据检举人的说法，黎明
小学实验社罗心怡同学身上穿
的实验服里，藏有一张写有这
次比赛主题的纸条。
经过调查，我们
确实在罗心怡同学的实验
服口袋里，发现了一张写
有当天比赛主题“热的
传播”的纸条。

就是这一张。
沙……

我们先针对其余
三位同学的涉事可能性
展开了调查，
后来发现他们的
说法一致，因而
应该排除涉事的
可能性。
紧张……

接下来是罗心怡同学的嫌疑。罗心怡同学提出实验服并非自己所有，
同时关于纸条一事，也表示毫不知情。
然而，由于罗心怡同学不愿意说出实验服的来路，
而我们之所以采信她的言辞，是因为不可能会有人笨到把写有比赛主题的纸条带到比赛现场。

导致无法做进一步调查，而必须就此做出结论。
这件事并非怀疑黎明小学做出不当行为，而是一宗涉及严密设定的比赛主题遭人泄漏的重大事件……

我们认为与这件
事有间接关联的
紧张
罗心怡同学不愿意
配合的态度，
紧张
对这次比赛与
整体大会运作，
紧张
紧张
可能会带来不良
的影响……

布告栏
叩
叩

砰
起身！
！！
同学！我们
正在召开很重要
的会议……
我是来拿实验服的。

？
嚓……

你……

沙沙

拿起
我在知道口袋里有一张
写着比赛主题纸条的情形下，
直接借给朋友穿。
这件实验服是我的。
这一切……
都是我个人的疏忽
所造成的。

你这么说，表示你事先就已经得知比赛主题啰？
你可以告诉我们得知的途径吗？
当然可以！
点头
……
那现在呢……
看来我们得做进一步的调查了。
从途径开始吗？
你这家伙！
这到底是怎么回事啊？
我们先静观其变。
瑞娜……

啪
……
我们决定对这件事进行更详尽的调查。
不过，就算黎明小学可以因此排除所有涉事嫌疑，也不能改变在比赛中对大海小学缺乏公正的事实。
因此关于比赛的决定，需要取得他们的谅解和同意。

你们有什么看法呢？
一定要取消黎明小学的参赛资格！我们无法接受！

况且他们若被取消资格，对你们是件好事，不是吗？

我们会尊重调查小组的决定。
……

安迪……

点头
你们不会
后悔吗?

我不想赢得这么
不光彩。
况且对方的实力,
也值得让我们给予赞许。

对不对?
嗯……
嗯……
说得是,
没错啦!

好的,对这位同学展开
调查后,我们预计今天
下午再公布相关结果。

调查结果
·排除黎明小学的涉案嫌疑。
·基于罗心怡同学不愿协助调查，故给予停赛一场的处分。
·大海小学与黎明小学双方重新比赛。

嗒
看来事情总算有了圆满的结局呢！

抱怨
为什么被陷害
的心怡还要遭到
停赛处分呢？
难道讲义气也是
一种罪？换作是我，
一定会颁发一张
奖状给她。
抱怨
总算让我们松一口气了。
我还以为仍然会被
取消资格呢……
对吧，心怡？

嗯……我想跟大家说对不起，
也要谢谢你们愿意相信我。
我不会再让你们对
我失望的。

你别这么说！
经由这次事件，
我们学到了非常
重要的东西！
握

重要的
东西？

没错。
虽然难以用
言语来形容……

无论如何，
我们一切从头再开始！

把手拿开！
什么？
缓步
前进
挥！

你别不好意思嘛，你去探病是件正常的事情啊！
因为热是从温暖的地方往冰冷的地方传播嘛，这表明瑞娜改变了你的意识啊！
靠近
靠近
靠近

停住
砰！
啊

我们到了。

叮咚
江瑞娜，
你给我出来！
大吼大叫
士元他来
探病了！

嚓

咚
是谁在这里
大吼大叫啊？
妈呀！
我们是瑞娜的朋友，
来探病的。
不敢吭声

是吗？
不过你们迟了一步。
瑞娜她一早已经搭机
返回德国了。
咦？

她似乎有非常
要紧的事得赶回去向
父亲解释……

啊……
对了！

她还交代
我把这一
张纸条，
翻找

交给来找她
的朋友……
天哪！
又是纸条！
大家退后！
咚！
恐慌！

上面写着
“交给心怡”呢！
我就是
心怡。

我要先
进去忙啦！
砰

小心啊，心怡！搞不好
又是另外一个陷阱啊！
没事的……
不要激动！

亲爱的心怡：
如果有机会再见
面，希望我们能够成
为好朋友。
瑞娜留

什么？就这样啊？
看来是……

我看她是真的离开了。

哼。
保重，瑞娜。
请你放心，
我们已经是
好朋友了。

再见……
如果还有机会
重逢，希望我们是
完美的好搭档。
江士元……

再见，
瑞娜！
你要保重啊！
好……
我也期待。
敬请期待 科学实验王 11

何谓热能？

人类很早就对热有所认识并加以应用，但是将热当成一门科学且进行有针对性的研究，则是由17世纪末开始的。直到全面展开热的相关研究的18世纪，人们依然认为热是一种在高温下叫作“热素”的微小物质。然而，这一理论却无法解释摩擦会产生热的现象。直到19世纪，科学家们终于建立了热力学第一定律——能量守恒定律，进而证明热并不是一种物质，而是一种能量。

热量的单位

热量的单位有卡路里（cal）和焦耳（J）。其中，之前普遍使用的热量单位卡路里，从人们还不知道热是能量的时期就开始使用，如今仍被广泛用于标示食品热量、健身手册等。焦耳是功和能量的单位，也是热量的单位，以英国的科学家焦耳命名。1842年，焦耳通过以重锤缓慢匀速下降，带动叶片旋转，使叶片搅拌水箱里的水，功转变为热，进而使水温上升的实验，证明了热与功的关系。

1卡路里是1克水在1标准大气压下温度升高1摄氏度所需的热量，1卡路里等于4.18焦耳，而国际单位制中功、热量与能量的单位是焦耳。

手柄
滑轮
温度计
重锤
叶片
水箱

用来证明热与功的关系的实验装置

热能与分子运动

物质都是由分子组成的。分子永不停息地在做无规则的热运动，而热就是分子运动的表现。物质的温度会随着分子的运动速度而改变。举例来说，与0℃的水分子相比，40℃的水分子的运动速度更快。这些分子停止运动时的温度称为绝对零度，是仅存于理论的自然界温度的下限值，为零下273.15摄氏度。以绝对零度作为最低点的热力学温度的单位是开尔文（K），以最初创立热力学温标的科学家开尔文命名。

开尔文勋爵（1824—1907）

开尔文勋爵名为威廉汤姆孙，勋爵是其封号，英国物理学家，创立了热力学温标，促进了热力学的发展，在物理学的各领域中留下了诸多著作与发明。

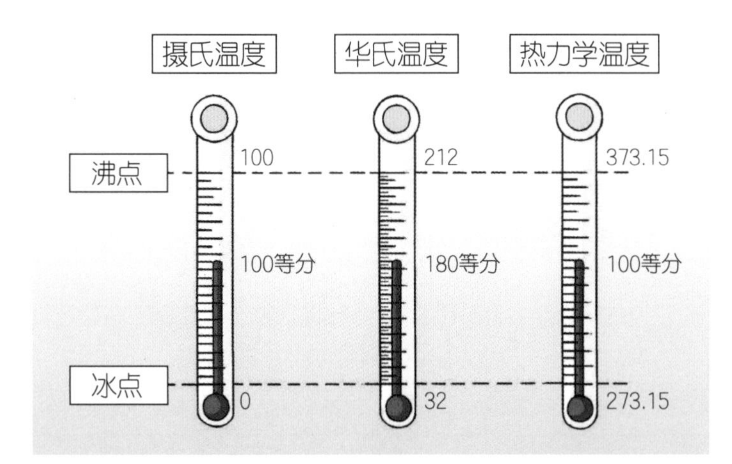

热能与物质的状态变化

物质的状态与热能之间的关系

地球上的大多物质有三种状态，也就是固态、液态、气态。构成物质的分子通过吸热或放热，改变其排列结构与运动程度。物质的状态不同，其所具有的热能大小也会有所不同，依次为：气体＞液体＞固体。

形态	分子的排列与运动	分子间的距离	相同分子数的体积	温度
固体	分子间的距离狭窄，呈规则排列，无法移向远处，只能在原处振动。	非常近	小	低
液体	分子间的距离很近，但呈不规则排列，分子间彼此进行移位的运动。	比较近	比固体稍大（水例外）	高
气体	分子间的距离很远，呈不规则排列，并做自由运动。	非常远	非常大	较高

由热引起的物质的状态变化

物质状态变化的过程中，物质会吸收或释放能量。吸热时，分子势能[1]会变得比较高；放热时，分子势能则变得比较低。

注[1]：分子势能，分子间由于存在相互的作用力，从而具有的与其相对位置有关的能，会随着分子间的距离而改变。

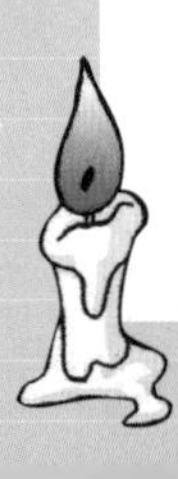

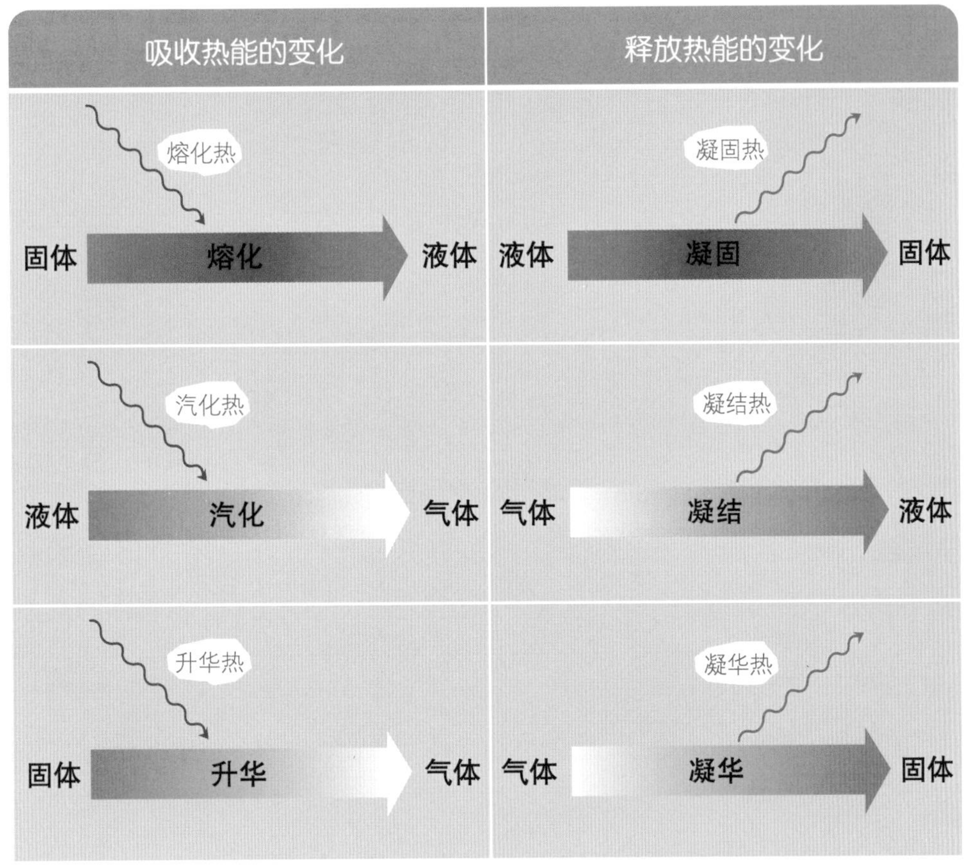

吸收热能的状态变化

熔化、汽化、升华时所吸收的热能，通过活跃的分子运动，使分子之间的拉力减弱，同时把分子之间的距离拉远。这么一来，随着分子势能的增加，体积会随之变大，但分子的动能却不会改变，并且物质的质量也保持不变。产生熔化与汽化时的温度（熔点、沸点）在持续加热时依然会保持不变，这是因为分子将此时所吸收的热能用来改变分子势能，而不是增加其动能。

释放热能的状态变化

凝固、凝结、凝华时，分子之间的拉力增加，分子之间的距离随之拉近，物质体积随之变小。同时凝固与凝结时的温度也保持不变，并且相同物质的凝固点与熔点温度相同。同理，当释放能量时，由于分子的数量不会产生变化，其质量也会维持不变，但受引力变大的影响，绝大部分的物质会呈现体积变小的状态。

不过由于液态水中水分子间具有较强的氢键[1]作用力，使水分子靠近，表现为体积小，当水从液体变成固体时，会变成晶体结构，分子排列有了规律，氢键的作用力削弱，反而呈现体积变大的状态。

注[1]：**氢键是某些氢化物分子间存在的比分子间作用力稍强的作用力。**

图书在版编目（CIP）数据

热能的流动/韩国小熊工作室著;(韩)弘钟贤绘;徐月珠译. 一南昌:二十一世纪出版社集团, 2018. 11(2025. 3重印)

（我的第一本科学漫画书. 科学实验王：升级版；10）

ISBN 978-7-5568-3826-4

Ⅰ. ①热… Ⅱ. ①韩… ②弘… ③徐… Ⅲ. ①热能一少儿读物 Ⅳ. ①TK11-49

中国版本图书馆CIP数据核字(2018)第234060号

我的第一本科学漫画书
科学实验王升级版⑩热能的流动 [韩]小熊工作室/著 [韩]弘钟贤/绘 徐月珠/译

责任编辑	周 游
特约编辑	任 凭
排版制作	北京索彼文化传播中心
出版发行	二十一世纪出版社集团（江西省南昌市子安路75号 330025） www.21cccc.com cc21@163.net
出 版 人	刘凯军
经 销	全国各地书店
印 刷	江西千叶彩印有限公司
版 次	2018年11月第1版
印 次	2025年3月第13次印刷
印 数	82001～91000册
开 本	787㎜×1060㎜ 1/16
印 张	12
书 号	ISBN 978-7-5568-3826-4
定 价	35.00元

赣版权登字-04-2018-408

购买本社图书，如有问题请联系我们：扫描封底二维码进入官方服务号。服务电话：010-64462163（工作时间可拨打）；服务邮箱：21sjcbs@21cccc.com。